NOTICE GÉOLOGIQUE

SUR

LA FORMATION NÉOCOMIENNE

DANS LE DÉPARTEMENT DE L'AIN ET SUR SON

ETENDUE EN EUROPE,

Par M. Jules Thier,

LUE

A LA SÉANCE DU 3 SEPTEMBRE 1841.

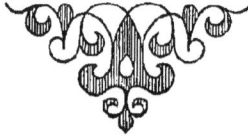

LYON.

IMPRIMERIE DE L. BOITEL,

QUAI ST-ANTOINE, 56.

—

1842.

NOTICE GÉOLOGIQUE

SUR

LA FORMATION NÉOCOMIENNE DANS LE DÉPARTEMENT DE

L'AIN ET SUR SON ÉTENDUE EN EUROPE,

LUE

A LA SÉANCE DU 3 SEPTEMBRE 1841.

—

Dans ces derniers temps, les travaux de plusieurs géologues, et notamment les observations consignées par M. Elie de Beaumont dans les mémoires qu'il publia en 1828, ont fait connaître l'existence d'une vaste formation longtemps confondue avec le terrain jurassique qu'elle recouvre en partie. Nous voulons parler de l'étage inférieur crétacé désigné d'abord par M. Thirria sous la dénomination de *jura-crétacé*, et pour lequel M. Thurmann a proposé le nom généralement adopté aujourd'hui de *néocomien*, dérivé de celui du canton de Neufchâtel où cette formation a été étudiée avec détail.

Il nous a paru qu'il ne serait pas sans intérêt d'ajouter à la connaissance qu'on a déjà de ce terrain, en décrivant celui du département de l'Ain dont la position, entre la formation néocomienne de la Suisse et celles du Dauphiné et de la Provence, établit une liaison de continuité importante à constater; nous n'hésitons donc pas à devancer l'époque de la publication de la Statistique géologique du département de l'Ain pour donner dès à présent l'extrait de notre travail en ce qui concerne la formation néocomienne de la partie la plus méridionale de la chaîne du Jura.

Cette chaîne de montagnes présente, comme on sait, dans la direction du nord-nord-est, une série de hautes vallées longitudinales à peu près parallèles entr'elles, ou se croisant selon des angles très aigus, espèces de rides profondes, résultat probable d'un mouvement ondulatoire propagé du nord-ouest au sud-est.

La force soulevante n'a laissé subsister que rarement des voûtes plus ou moins arquées; ordinairement elle a disloqué et rejeté de part et d'autre, suivant des lignes dirigées à peu près au nord-nord-est les couches qui forment les crêtes des montagnes; mais sans agir avec la même intensité de chaque côté de cet axe, elle a du moins imprimé une certaine uniformité au système ; ainsi les couches plongent généralement à l'est-sud-est, de sorte que les vallées longitudinales présentent à l'ouest-nord-ouest une pente assez régulière à la surface de laquelle apparaît ordinairement le troisième étage jurassique, tandis qu'à l'est-sud-est, l'escarpement souvent abrupte montre à découvert les tranches de l'étage moyen. Il importe de bien comprendre cette disposition orographique , pour se faire une idée exacte de la position du terrain dont nous allons nous occuper.

Il ne saurait plus s'élever aucun doute sur l'existence du néocomien comme formation entièrement distincte

du groupe jurassique. A une époque où les études géo-
logiques étaient restées dans de vagues généralités, on
avait bien pu les confondre ; mais dès que l'on a entre-
pris l'examen approfondi des assises qui constituent le
groupe jurassique, les traits distinctifs qui comman-
daient impérieusement la séparation de ces deux formations, se sont présentés en foule aux observateurs
sur un grand nombre de points de la France, de la
Suisse et de la Savoie. Le département de l'Ain offri-
rait réunis tous les caractères orographiques et paléontologiques qu'on peut invoquer pour décider cette question, si c'en était encore une. La formation néocomienne
de l'Ain est très développée, si non en étendue, du moins
en épaisseur. C'est elle qui occupe en grande partie le
fond et les flancs de la longue vallée que parcourt d'a-
bord la Valserine, puis le Rhône lorsqu'après avoir passé
la gorge du fort l'Ecluse, il vient se jeter et disparaître
un instant dans les rochers, près de Bellegarde. La vallée longitudinàle du Valromey qui se prolonge au sud
jusqu'à Arbigneux en présente, à partir de Ruffieux et
d'Hotonne, un dépôt à la fois puissant et étendu. Les
bassins que forment les environs d'Hauteville, de Lomp-
nes, de Champdor, de Brénod, de Vieux-d'Izenave, de
Villereversure, de Romanèche, d'Hautecourt, de Pon-
cin, d'Arturieux, de Bohaz, du Petit-Simandre, de
Maillat, de Saint-Martin-du-Frène, de Montréal, de
Bélignat, d'Oyonnax, de Charix, d'Arbère (pays de
Gex), des Granges, du Poisat, des Frasses, de la Fon-
taine et de l'Alleyriaz, etc., etc., en offrent des masses
plus ou moins considérables ; l'on en peut enfin observer un lambeau important appliqué à plus de 1,000 mè-

tres au-dessus du niveau de la mer sur le flanc sud-
ouest du crêt de Chalame et dominant au sud-est la
Combe des Voies.

Là où les causes qui ont donné naissance aux failles
transversales, désignées sous le nom de *cluses* par
M. Thurmann dans ses études du Jura bernois, se sont
peu fait sentir, la formation néocomienne a conservé à
peu près son horizontalité au centre des vallées longitudinales du Jura; elle s'y présente en couches super-
posées les unes aux autres, et butant sur les deux flancs
de ces vallées dont elles ont exhaussé le fond par des
dépôts successifs. Une inclinaison quelquefois assez
forte des couches se fait remarquer aux approches des
flancs de ces vallées : pour apprécier exactement l'intensité et la nature de la cause de cette inclinaison, il
faudrait être fixé sur le degré de pente que peut rece-
voir une couche du fait même de son dépôt sur le bord
incliné du bassin; il est évident que cette cause a exercé
ici toute l'influence dont elle était susceptible, et qui est
accusée par l'amincissement progressif des couches qui
s'élèvent en s'arquant du centre vers les bords du bassin; cet amincissement est tel que certaines couches
fort épaisses au centre, se réduisent à rien sur le bord
extrême du bassin, et c'est certainement l'inclinaison de
cette partie du fond qui n'a pas permis au dépôt d'ac-
quérir autant d'épaisseur qu'au centre. On doit conclure,
et de l'explication qui précède et de ce que la formation
néocomienne ne se montre que dans le fond ou sur les
flancs des vallées longitudinales du Jura, que le sol actuel avait déjà reçu les principaux traits de son relief,
lorsque le néocomien s'est déposé; c'est là un fait oro-

graphique hors de discussion, et qui suffit à lui seul pour établir, entre les formations jurassiques et néocomiennes, une ligne de démarcation telle qu'il s'en rencontre en géologie peu d'exemples plus frappants.

Ajoutons que le néocomien, dont la discordance de stratification avec le troisième étage jurassique est déjà évidente au nord-ouest des vallées, malgré l'inclinaison peu marquée de ce dernier, vient s'appuyer quelquefois au sud-est, sur les tranches brisées de l'étage moyen.

Ainsi les croupes allongées des montagnes qui séparent les vallées longitudinales du Jura, formaient au milieu de la mer néocomienne un archipel d'îles ou de presqu'îles étroites, espèces de langues de terre laissant communiquer entr'elles ces petites mers méditerranées par certaines dépressions du sol qu'il ne nous est plus possible de reconnaître, aujourd'hui que d'autres bouleversements sont venus changer les niveaux.

Les côtes de ces îles au sud-est formaient des plages et des hauts-fonds, tandis qu'une mer profonde baignait les escarpements à pic du nord-ouest. On retrouve encore sur une foule de points les traces évidentes des rivages de la mer crétacée, rivages qui se sont maintenus dans un tel état de conservation, qu'il semblerait que la mer les a quittés de nos jours. La localité la plus remarquable, sous ce rapport, est le versant de la montagne qui domine au nord-ouest le Valromey. On observe, au-dessus de Charancin et jusqu'auprès de Ruffieux, une ligne inclinée aujourd'hui au nord, mais qui était certainement de niveau avant la faille transversale qui a escarpé le pied du Colombier; cette ligne, où le

flot de la mer crétacée a apporté pêle-mêle avec les frag-
ments de la roche qu'il battait, de nombreux débris de
coquilles, d'os de poissons et d'une foule de zoophites,
habitants ordinaires des rivages peu profonds, telles que
les *Coraux,* les *Explanaria,* les *Achilleum,* les *Scyphia,*
les *Manon;* cette ligne, disons-nous, est marquée par
une multitude d'huitres adhérentes au rocher de formation jurassique qui constituait le fond de cette mer,
comme aussi par une suite de trous que ce même rocher
a conservés, et qui sont dus à des mollusques lithophages
dont on retrouve encore le test dans les alvéoles prati-
quées par ces animaux.

Considérée dans son ensemble, la formation néocomienne conserve partout des caractères généraux uniformes, suffisant pour établir l'identité de tous les dépôts
qu'elle comprend. Mais il n'est pas toujours facile d'é-
tablir une correspondance de détails entre les couches
observées sur divers points, soit que des variations dans
le caractère minéralogique les rendent méconnaissables,
soit que la même couche réduite ici à une faible épaisseur, ait reçu là un grand développement, ce qui devait
nécessairement arriver dans les conditions si variées d'é-
tendue et de fond que présentaient les bassins très cir-
conscrits qui recevaient les dépôts. Il résulte de toutes
ces causes que la formation néocomienne offre une puissance très variable, dont nos observations nous permettent de fixer le maximum à près de 300 mètres dans le
département de l'Ain.

Pour faciliter l'étude de cette formation, nous la divi-
serons en trois groupes, savoir : 1° Le groupe supérieur,
dont la puissance varie entre 20 et 80 mètres, et qui se

compose d'un nombre indéterminé d'assises de calcaire blanc ou gris-blond-clair, tour-à-tour subcrayeux et compacte, analogue au calcaire à *chama ammonia* d'Orgon (Provence), et contenant, dans certaines parties seulement, les fossiles suivants : *Hippurites neocomiensis, Chama (Caprotina,* d'Orbigny) *ammonia, Chama (Caprotina,* d'Orb.) *Loudshallii, Astrea tubulipora, Meandrina, pholladomya Lang i, Pecten Itierianus, Corbis striatus, etc.*

2° Le groupe moyen de 40 à 100 mètres de puissance, est composé à sa partie supérieure d'oolithe blanche et jaune parfaitement caractérisée, et de calcaire jaune, jaune-orangé, gris, rouge de sang, rose sale, à texture compacte, grenue ou grossière, quelquefois miroitant, pénétré fréquemment de grains de fer hydro-silicaté qui donnent un aspect verdâtre à certaines parties. Il est des couches qui, entièrement formées de débris de coquilles, passent à une lumachelle. Ce calcaire renferme des cristaux de chaux carbonée arragonite et des boules géodiques de quartz souvent agatisé à l'intérieur, mais, dont la surface extérieure est hérissée de cristaux grossièrement terminés.

Les fossiles les plus remarquables sont : *Pecten quinquecostatus, spatangus retusus, exogyra sinuata, exogyra Couloni, exogyra colomba, terebratula depressa, cytherea plana, ptycomia, astrea, serpula socialis, ammonites, etc.*

3° Le groupe inférieur comprend des marnes bleues et grises, à nodules calcaires ou schistoïdes ou bien encore arenacées, alternant avec des calcaires jaunes et bleus, en lits de 1 à 4 mètres d'épaisseur, calcaires auxquels

elles passent insensiblement; son épaisseur totale varie
entre 80 et 120 mètres; il renferme de nombreux fossiles dont les principaux sont : *pecten quinquecostatus,
spatangus retusus, trigonia caudata, exogyra auricularis, exogyra Couloni, exogyra aquila, exogyra curvirostris, ammonites, nautilus elegans*, etc.

GROUPE SUPÉRIEUR. — Les calcaires blancs ou gris-
clair, compactes et subcrayeux qui constituent le groupe
supérieur, se superposent les uns aux autres et présentent
des bancs de 2 à 10 mètres d'épaisseur; le calcaire subcrayeux est homogène, tendre, surtout quand il vient
d'être extrait de la carrière; mais il durcit promptement
à l'air, et, en raison de ses qualités pour la taille, il est
l'objet d'une exploitation assez importante aux carrières
de la Violette, situées sur les bords du Rhône, en aval
de Genissiat; elles ont fourni à l'hôtel-de-ville et à
l'hôpital de Lyon cette pierre blanche dont ils sont
construits; ce même calcaire entre dans la composition
du verre de bouteille, dans les verreries des environs de
Lyon; c'est aussi ce calcaire qui, imprégné de bitume,
sur les deux rives du Rhône, en face de Chanay, constitue la carrière asphaltique de Pyrimont, si connue aujourd'hui ; c'est enfin au peu de consistance de son
agrégation que sont dues ces vastes excavations dans
lesquelles le Rhône disparaît au-dessous de Bellegarde.

Le calcaire dur et compacte dont les bancs alternent
avec le calcaire subcrayeux, a offert à l'érosion des eaux
du Rhône une résistance telle, que ce fleuve a dû se
frayer un passage au-dessous des couches dont il n'avait
pu vaincre la résistance. Cette disposition est encore plus

remarquable dans le cours de la Valserine, où il existe, formés par le calcaire compacte, plusieurs ponts natu-. rels au-dessous desquels cette rivière roule encaissée. On voit clairement que les eaux du Rhône et de la Valserine se sont emparées d'une longue crevasse occasionnée dans l'origine par un mouvement du sol, et qu'elle l'ont agrandie aux dépens des roches tendres comprises dans l'escarpement.

Le groupe supérieur néocomien montre sur ce point ses relations avec la formation de grès vert qui s'y superpose en stratification concordante sur une étendue de plusieurs kilomètres carrés compris entre Vauvray, Lechère, Mussel, le Crêt et Bellegarde.

Voici la coupe naturelle qu'offre la formation de glauconie crayeuse signalée depuis longtemps par M. Alexandre Brongniard sur la rive droite du Rhône au point où ce fleuve se précipite dans les rochers.

1° *Diluvium*.

2° Tertiaire moyen formé de mollasse marine et surmonté d'un conglomérat lacustre.

3° Argile verdâtre et sables jaunes ferrugineux ; sables quartzeux blancs sans fossiles ; sable verts, rouges et verts alternant; sables verts très abondants en fossiles dont les principaux sont : *Ammonites inflatus, A. varicosus, A. Beudanti, A. cristatus, A. regularis, A. denarius, A. Mayorianus, A. miletianus, A. interruptus, A. Itierianus, A. latidorsatus, A. mammillaris* (d'Orbigny), *turrilites costatus, trochus ciroïdes, trochus gurgitis, trochus Rhodani, nucula pectinata, inoceramus sulcatus, inoceramus concentricus, terebratula biplicata, terebr.* (deux inconnues) *natica, belemnites minimus* (Lister), *murex, cerithium excavatum, plicatula, dentalium, catillus, serpula, cassis avelana, fungia coronula, turbinolia compressa, trigonia, scabra, trigonia* (inconnue), *nautilus, rostellaria, ostrea carinata, ostrea* (pied de mulet), *cidaris Thurmani, diadema, micraster minimus, holaster lævis, holaster suborbicularis, hamites rotondus, hamites* (deux inconnues), *pecten cretosus etc.*; puissance . . . . 30^m,00

4° Couches de calcaire jaune parsemé de grains verts de fer hydrosilicaté de 1 m. 40 à 0, 60 d'épaisseur, alternant avec le grès vert et contenant quelques fossiles tels que *trigonia quadrata* (Agassiz), *cucullea, pholladomia, ostrea, exogyra aquila, terebratula, etc.*; puissance. . . 12, 00

5° Banc ferrugineux entièrement formé par l'*orbitolites lenticulata* (Lamk); puissance 1, 20

6° Couche de calcaire jaune marneux à cassure inégale contenant des grains verts, caractérisé par le *pteroceras oceani, pteroceras ponti*, et contenant en outre *orbitolites lenticulata, terebratula pumila, T. plicatilis, T. depressa, pignea* (Agassiz) *holaster complanatus* (id.); puissance. . 2, 30

Puissance totale 45, 50

Le calcaire blanc suboolitique qui vient ensuite ne contient pas de fossiles à la perte du Rhône; ceux que l'on observe dans la Valserine, appartiennent à des bivalves indéterminables et à un *pecten* inconnu, ainsi qu'à des corps sinueux qu'on ne peut rapporter qu'à des débris de *chama ammonia*; c'est à cette absence de caractères paléontologiques qu'il faut attribuer le doute dans lequel des observateurs fort habiles sont restés sur sa position géologique.

Bien que la superposition du grès vert fut une donnée précieuse pour la solution de cette question, elle était loin de suffire, et il devenait indispensable pour asseoir notre opinion, de rechercher quelle était la nature du terrain sur lequel reposaient les bancs épais de ce calcaire blanc dont les caractères négatifs aux alentours de la perte du Rhône, se refusaient à toute interprétation. Le ravin dans lequel coule le ruisseau de Dorche et que M. Elie de Beaumont a déjà cité comme exemple du terrain crétacé inférieur dans le Jura, nous a fourni la démonstration que nous cherchions. Ce ravin offre à sa gauche, c'est-à-dire au nord, un escarpement formé des assises du groupe moyen inférieur néocomien que nous décrirons tout-à-l'heure. En remontant cet escarpement dans la direction du hameau de Boconod, on arrive par une succession non interrompue de marnes grises et de calcaires jaunes aux assises de calcaire blanc compacte et subcrayeux sur lequel est bâti le village de Chanay. De là, on peut suivre presque sans interruption ces mêmes couches qui vont rejoindre celles des bords du Rhône, d'abord à Pyrimont où elles ont été imprégnées de bitume asphalte, puis le long du Rhône, sur les deux rives jusqu'à Bellegarde et au-delà. Voici donc bien le calcaire blanc compacte ou subcrayeux superposé aux marnes grises et au calcaire jaune du néocomien;

il renferme d'ailleurs, à Chanay, quelques fossiles qui auraient suffi à le caractériser, tels sont : *chama (Caprotina) ammonia, hippurites neocomiensis, pecten Itierianus,* plusieurs autres bivalves et un *tubulipora,* voisin du *fascicularia aurantium* (Milne Edw.).

On arrive à la confirmation du même fait en suivant avec attention la ligne de séparation des formations jurassiques et néocomiennes depuis le village de Châtillon-de-Michaille jusqu'à celui de Chanay. Cette ligne offre les têtes de couches amincies du calcaire jaune et des marnes grises s'appuyant sur le troisième étage jurassique, et comprenant à l'est des lambeaux du calcaire blanc subcrayeux et compacte qui apparaissent çà et là, tantôt à découvert, tantôt sous la mollasse tertiaire ou le diluvium qui les accompagne jusqu'au Rhône.

Le vaste dépôt néocomien qui constitue le plateau occupé en partie par la forêt de Grammont et compris entre le village de St-Martin-de-Bavel, la prairie de Talissieu, celle de Ceyzérieu et le château de Grammont, nous offrira un autre exemple non moins concluant de la superposition du calcaire blanc au calcaire jaune avec marnes grises du néocomien. La prairie de Talissieu est bordée au midi par une lignes de rochers coupés à pic, et offrant les tranches des couches très légèrement inclinées à l'est du calcaire jaune superposé aux marnes grises contenant tous les fossiles caractéristiques du néocomien ; après avoir gravi, au-dessus de la tuilerie, le chemin d'exploitation de la forêt, lequel coupe diagonalement les bancs du calcaire jaune , et être parvenu au sommet du premier escarpement, si l'on se dirige à l'Est, on ne tarde pas à rencontrer un second escarpement en

escalier, d'environ 35 mètres de hauteur, dont les bancs
participent de l'inclinaison observée plus bas et en contact immédiat avec le calcaire jaune miroitant ; aux
deux tiers de cet escarpement, on rencontre, superposé à
un calcaire oolithique blanc-jaunâtre, le calcaire blanc
compacte et subcrayeux en bancs alternatifs de 2 à 4
mètres d'épaisseur et dont la puissance totale est d'environ 12 à 15 mètres. Ce calcaire qui, quant aux caractères minéralogiques et de superposition, est identique
au calcaire de Chanay et de la perte du Rhône, se poursuit sans interruption en s'inclinant légèrement à l'est
jusqu'à Ceyzérieu, et en présentant, le long de l'escarpement de la prairie de Talissieu, ses tranches brisées. Les
surfaces de section du calcaire blanc subcrayeux, loin
d'être perpendiculaires au plan de la couche, offrent des
dépressions concaves dues au mode de décomposition de
la roche qui se délite à l'air. Cette disposition s'observe,
d'ailleurs, le long du lit du Rhône, de manière que le
calcaire compacte forme des espèces de cordons ou bou-
relets au-dessus du calcaire subcrayeux.

Le calcaire blanc de cette localité offre des parties
saccharoïdes entièrement composées de polypiers, parmi
lesquels on distingue les genres *astrea, meandrina* et
tubulipora.

Ainsi que l'avait déjà observé M. Thirria sur d'autres
points du Jura, la texture saccharoïde de ce calcaire et sa
couleur blanche établissent entre lui et le corallien de
l'étage moyen jurassique, des rapports de ressemblance
très frappants ; mais ce qui vint dans le premier mo-
ment ajouter à notre embarras, ce fut cette abondance
de polypiers dont plusieurs paraissent identiques à ceux

du corallien jurassique. Ce sont certainement ces appa-
rences qui ont égaré quelques observateurs auxquels
avaient manqué les autres caractères du terrain qu'ils
étudiaient.

La localité que nous décrivons n'expose à aucune er-
reur à cet égard, car aux caractères si décisifs de la superposition, s'ajoutent ceux non moins complets fournis
par la paléontologie; ainsi, avec ces nombreux polypiers,
se rencontrent fréquemment les *chama ammonia, hippurites, dicerates, etc.* Ces fossiles existent d'ailleurs dans le
calcaire compacte situé au nord de Ceyzérieu avec une
telle abondance, qu'il se convertit en une véritable lumachelle formée des débris de *chama ammonia, d'hippurites* et de *dicerates*; sur la grande route de Culloz à
Seyssel entre Chastel et Anglefort, on retrouve la con-
tinuation des bancs de calcaire à *chama ammonia* de
Ceyzérieu; ce fossile y est bien entier et assez abondant.
Il est associé à des *hippurites* analogues à celles du mont
Granier élevé de 1,960 mètres au-dessus du niveau de
la mer (chaîne de la Grande-Chartreuse). Il y a, au
surplus, identité complète entre les calcaires de ces
deux localités.

Nous n'avons observé les calcaires parfaitement blancs,
compactes et subcrayeux que dans quelques vallées, telles que celles de la Valserine, du Rhône, de Vieux-d'I-
zenave et de Charix qui se continue de l'autre côté du
lac de Silans dans la direction du Grand-Abergement,
ainsi que sur le plateau de la forêt de Grammont; mais
cette nature de calcaire n'est sans doute pas la seule qui
constitue le groupe supérieur néocomien, et il est probable que les calcaires compactes blonds d'Hauteville et

Champdor, qui reposent sur le calcaire jaune néocomien, doivent être rangés dans le groupe supérieur.

Sur tous les autres points du département de l'Ain, le groupe supérieur néocomien ne s'est pas déposé, ou du moins son aspect ne permet pas de le distinguer du groupe moyen ; et cela tient sans doute aux conditions particulières dans lesquelles se trouvait chaque bassin par suite, soit de son étendue, soit de ses affluents, soit enfin de l'élévation de son fond. Pour être bien comprise, cette opinion réclame quelques développements que voici : on se rappellera ce que nous avons dit de la chaîne du Jura, qui avait déjà reçu les principaux traits de son relief actuel, lorsque le néocomien s'est déposé ; dès lors, les vallées longitudinales de cette chaîne présentaient, non loin du continent, plusieurs petites mers méditerranées communiquant avec la grande mer qui battait à l'est la chaîne jurassique, en couvrant l'espace occupé aujourd'hui par les Alpes orientales et occidentales ; le peu d'étendue de ces mers méditerranées séparées par de longues îles, la position de leurs fonds, la nature de leurs affluents, devaient nécessairement modifier la constitution du dépôt, et rien n'empêche d'admettre que cette modification ne pût aller jusqu'à produire des calcaires blancs subcrayeux et compactes dans une partie de la grande mer qui couvrait la Savoie actuelle et s'étendait fort au-delà, tandis que quelques-unes des petites mers voisines du littoral continuaient à déposer leurs calcaires jaunes oolitiques ou miroitants (1).

(1) La grande mer néocomienne s'étendait sur l'emplacement de la chaîne des Alpes ; on suit des calcaires blancs et blonds néocomiens

Ces considérations serviraient au besoin d'explication à l'inconstance que nous avons déjà signalée plus haut dans la composition des couches de chacun des dépôts formés dans les diverses vallées occupées par la formation néocomienne.

GROUPE MOYEN. — Le groupe moyen néocomien se compose 1° de calcaires jaunes compactes à cassure inégale, irrégulièrement stratifiés, alternant à la partie supérieure avec des couches de 10 à 12 mètres d'épaisseur, de calcaire oolithique, jaunâtre ou blanc jaunâtre présentant l'aspect d'une masse d'œufs de carpe. On trouve abondamment répandu dans le calcaire jaune subcompacte supérieur, des plaques d'un beau jaunâtre formées de silice et qui n'ont point préexisté au calcaire; elles sont évidemment le produit du jeu des affinités chimiques, lorsque les molécules pouvaient encore se mouvoir dans la masse fluide; 2° de calcaire jaune miroitant, irrégulièrement stratifié, présentant

dans la vaste plaine ravinée et coupée qu'occupe en partie la Semine et qui s'étend jusqu'à Annecy. On retrouve aussi le calcaire néocomien sur les versants et la crête des Alpes. — Tout altéré qu'il est alors au voisinage des roches ignées, il n'en conserve pas moins ses caractères les plus saillants. Nous citerons entr'autres localités que nous avons visitées celle de Cluse (Savoie). Nous avons trouvé à 10 minutes à l'est de ce bourg, dans un calcaire gris blanc et blond très cristallin, auquel est adossé le hangar de la fabrique de boîtes à musique, des hippurites dont la conservation ne laisse aucun doute sur leur nature; il est surmonté d'un calcaire noir cristallin parsemé de grains verts, dans lequel on reconnaît la glauconie crayeuse métamorphique, accompagnée de tous les fossiles les plus caractéristiques de cette formation, lesquels sont souvent soudés les uns aux autres par l'action que la roche a éprouvée.

des grains verts de fer hydrosilicaté et formés des débris d'échinites et de coquilles qui font passer la roche à une lumachelle; 3º on y trouve enfin des couches renfermant du fer hydroxidé pisiforme semblable au plomb de chasse, et que les paysans des environs d'Auderre font servir au même usage, lorsqu'à l'aide des eaux pluviales qui le charient, ils ont pu en ramasser une quantité suffisante.

Les fossiles qu'on y remarque sont les suivants : *Pecten quinque costatus* (variété *striaticosatus*), *exogyra sinuata, E. subplicata* (Rœmer), *E. sinuata* (var. *dorsata), E. subsinuata* (var. *aquilina), cucullea, trigonia costata, tr. harpœformis, terebratula depressa* (caract.), *T. biplicata, T.* (cinq espèces à nommer), *ammonites clypeiformis* (d'Orbigny), *serpula filiformis, spatangus retusus, nerinea Chamouseti, astarte Beaumonti, ptycomia* (Agassiz).

Les calcaires jaunes miroitants de ce groupe prennent quelquefois un faux air du calcaire à entroques de l'étage inférieur jurassique; cependant ils ne sont pas d'un jaune si rouge, et ils n'en ont pas le grain cristallin et la texture serrée. En ce qui concerne les calcaires jaunes compactes à cassure inégale, ils peuvent être aisément confondus quant à leur nature pétrologique, et en l'absence de fossiles, avec les calcaires de la partie supérieure du troisième étage jurassique.

GROUPE INFÉRIEUR. — Le groupe inférieur néocomien, dont l'épaisseur est souvent considérable, se compose, comme nous l'avons déjà dit, de calcaire jaune ou blond compacte ou subcompacte, souvent argileux, en lits épais exploités comme pierres de taille, alternant

2

avec des marnes grises et bleues, schistoïdes, noduleuses ou arénacées, et contenant, principalement dans ses marnes, une grande quantité de fossiles dont voici les principaux : *pecten quinquecostatus* (variété *striaticostatus*), *nautilus pseudoelegans*, *lima recta* (Goldfuss, rare), *spatangus retusus*, le même (var. *globulosa*, Goldf.) *nucleolites Olfensii, terebratula depressa, T. biplicata, serpula filiformis, serpula Richardi, trigonia caudata* (Agassiz), *Tr.* (indéterminée), *hemicidaris patella* (Agassiz), *ostrea carinata, exogyra sinuata* (Sow). *E. Couloni, E. subsinuata dorsata, E. subsinuata aquilina, E. subsinuata falciformis, E. curvirostris, E.* voisine de la *Harpa, E. auricularis, pholladomya elongata,* autre (indéterminée) ; *isocardia prælonga, nucula, cucullea. Cytherea subrotonda, donax, cirrhus depressus, belemnites subfusiformis? ammonites cryptoceras?*

Ce groupe inférieur repose le plus ordinairement, comme nous l'avons déjà dit, sur les couches supérieures au troisième étage jurassique représenté par des calcaires compactes jaunâtres ou blanchâtres à cassure inégale, et qu'il n'est pas toujours facile de distinguer du néocomien ; il faut une certaine habitude pour y parvenir, et s'aider surtout de la discordance observée dans la stratification, parce qu'à l'insuffisance du caractère minéralogique s'ajoute l'absence totale des fossiles dans certaines couches en contact.

Il nous reste maintenant à donner quelques exemples de la formation néocomienne, à l'appui de la description que nous en avons faite.

1° Calcaire jaune fendillé à cassure inégale alternant avec des dalles calcaire de 0^m. 20 à 0^m. 40 d'épaisseur, formant le point culminant de Bèche-Corbé . . . .   10 mètres.

2° Oolithe bien caractérisée, blanche tirant quelquefois sur le jaune . . .   12   »

3° Bancs de calcaire jaune, avec plaques rubanées siliceuses d'un brun jaunâtre .   5   »

4° Oolithe bien caractérisée, jaune rappelant une masse d'œufs de carpe .   5   »

5° Calcaire jaune passant au calcaire marneux, quelquefois criblé de débris de coquilles et renfermant des grains verts avec le *pecten quinquecostatus* et des huîtres   13   »

6° Marnes bleues avec *spatangus retusus* et *pholladomya* dans les bancs supérieurs, alternant avec des calcaires jaunes miroitants. A la base, on rencontre l'*exogyra Couloni,* la *terebratula depressa* et des boules géodiques de quartz agate mamelonné à l'intérieur ou de quartz-hyalin en cristaux   40   »

7° Couche de marne gris-bleue pénétrée de fossiles tels que : *ostrea carinata, exogyra sinuata, ex. auricularis, serpula socialis, terebratula, pholladomya* . .   3   »

A reporter. . .   88 mètres.

Report. . . 88 mètres.

8° Calcaire jaune compacte en bancs de
1 à 4 mètres d'épaisseur, duquel sort la
source du Groin et qui forme le rocher
crevassé au pont de Saint-Germain, ainsi
que la corniche de la chûte de Cervé-
rieux, alternant avec des marnes bleues   60 »

9° Marnes bleues passant au calcaire
jaune. . . . . 30 »

TOTAL. . . . 178 mètres.

PROFIL DE LA FORMATION NÉOCOMIENNE PRÈS DE LA TUILERIE
DE GRAMMONT.

1° Calcaire blanc compacte et subcrayeux alternant;
avec polypiers, *chama ammonia, disce-
ras, hippurites* . . . . 10 mètres.

2e Oolithe bien caractérisée blanc jaunâtre. . . . . 15 »

3° Alternances de calcaire jaune clair
suboolitique, tantôt tendre, tantôt dur,
peu homogène . . . . 10 »

4° Calcaire jaune miroitant ou grenu,
compacte, en lits épais avec *pecten quinquecostatus* . . . . 26 »

5° Première couche de marne gris-
bleue, alternant avec des bancs de calcaires jaunes. . . . . 2 »

A reporter. . . 63 mètres.

Report. . .	63	mètres.
6° Marnes gris-bleues mieux caracté- risées, sans fossiles.	10	»
7° Calcaires jaunes à grain fin et serré avec marnes.	13	»
8° Marnes bleues avec calcaire gris- jaune, au niveau de la prairie de Talis- sieu, contenant entr'autres fossiles : *nautilus elegans, spatangus retusus, pholladomya elongata, exogyra Cou- loni, etc.*	6	»
Total .	92	mètres.

PROFIL DE LA FORMATION NÉOCOMIENNE DE LA DORCHE A CHANAY.

1° Calcaire blanc compacte ou subcrayeux, par bancs alternatifs, avec *hippurites, chama ammonia,* polypiers et diverses bivalves indéterminables, sur lequel est bâti le château de Chanay . . . . . . 20 mètres.

2° Calcaire assez compacte, à cassure inégale, cristallin, blanc, sans fossiles, qui supporte les ruines du château de la Dorche . . . . 24 »

3° Calcaire marneux jaune passant au bleu, comprenant des bancs de rognons calcaires assez semblables de prime à bord à des galets, mais qui sont évidem- ment le résultat de l'attraction molécu- laire des parties argilo-calcaires ; quel-

A reporter. . . 44 mètres.

Report. . . 44 mètres.

ques uns de ces rognons constituent des géodes tapissées à l'intérieur de beaux cristaux de carbonate de chaux ; à la partie inférieure on rencontre le *belemnites semicanaliculatus.* . . . . . . 19 »

4° Alternances de calcaires marneux par lits et de marnes grises très fossilifères contenant : *trigonia caudata* (Agassiz), *donax, trochus Rhodani, pecten quinquecostatus, venus, exogyra harpa, spatangus retusus, terebratula, pholladomya elongata, hemicidaris patella* (Agassiz) *pholladomya.... lima recta* (Goldfuss), *ammonites clypeiformis* (d'Orbigny) . . . . 12 »

5° Calcaire jaune miroitant quelquefois rougeâtre, compacte, à cassure inégale, contenant des débris de pointes d'échinodermes, des nœuds calcaires et des grains verts de fer hydrosilicaté, avec de grandes huîtres indéterminées. Cette roche est celle d'où s'élance l'eau de la cascade de la Dorche . . . . 11 »

6° Marnes gris-noires non fossilifères, traversées dans tous les sens par des corps allongés, légèrement sinueux, cylindriques, formés de la même marne qui les empâte. Nous rapportons ces corps

A reporter. . . 86 mètres.

	Report. . .	86 mètres.

à des excréments de mollusques, parce qu'ils rappellent ces longs et minces cylindres de vase que ces habitants des plages sableuses rejettent après en avoir absorbé les parties nutritives . . . . 16 »

	TOTAL. .	102 mètres.

Pour donner en terminant un exemple de la réunion complète de tous les termes de la série des roches néocomiennes, nous serons obligé d'emprunter une coupe à l'escarpement est–nord-est du Mont–du–Chat qui, bien que n'appartenant pas au département de l'Ain, n'en est séparé que par le Rhône, ce qui permet de le comprendre dans notre description géologique.

COUPE DE LA FORMATION NÉOCOMIENNE SITUÉE A L'EST-NORD-EST DU MONT-DU-CHAT (SAVOIE).

(La série est représentée de bas en haut.)

1° Calcaire marneux, jaune et bleu, miroitant, en bancs de 20 à 60 centimètres d'épaisseur . . 16 ^{m}.

2° Marnes et calcaires bleus. . . . 3

3° Calcaire jaune lumachelle, formé de débris de *terebratula* avec *belemnites subfusiformis* 5

4° Marnes grises schisteuses . . . 1, 50

5° Bancs de calcaire jaune avec *ostrea* et *exogyra curvirostris* 3

A reporter. . . 26 ^{m}, 50

	Report. . .	26 m, 50
6°	Marnes grises	10
7°	Calcaires jaunes et bleus. . . .	3
8°	Marnes bleues	7
9°	Marnes bleues à nodules calcaires.	4
10°	Calcaire bleu et jaune en feuillets	8
11°	Calcaire à nodules	20
12°	Calcaire jaune et marnes bleues .	10
13°	Un banc de calcaire jaune. . .	1, 50
14°	Calcaire bleu à nodules . . .	36
15°	Calcaire jaune siliceux. . . .	5, 50
16°	Calcaire bleu à nodules . . .	1, 50

17° Calcaire jaune compacte, quelquefois miroitant, en bancs de 0 m, 50 à 1,10 d'épaisseur passant au calcaire blanc 110

18° Calcaire blanc ou gris compacte à cassure conchoïde, d'autrefois à texture saccharoïde, environ 50

TOTAL. . . 295 mètres.

Au Mont-du-Chat, comme dans le Valromey, on observe les traces encore bien reconnaissables du rivage de la mer crétacée, notamment derrière la maison située au sommet de la route; les huîtres encore adhérentes au rocher et les trous pratiqués par les mollusques lithophages ne laissent aucun doute à cet égard.

Il nous reste maintenant à jeter un coup d'œil rapide sur la formation néocomienne des pays circonvoisins, pour en conclure la liaison de continuité qu'il importe d'établir entre toutes les parties de ce terrain.

Vers le nord, c'est-à-dire, dans le département du Jura, le néocomien se comporte comme dans le département de l'Ain; il présente le même aspect, les mêmes relations et se compose des mêmes termes. On l'observe à Bonneville, à Septmoncel, à Laventay, aux Roussels, aux Coques, etc.; il s'avance ainsi dans le canton de Neufchâtel en marquant sa liaison de continuité par des dépôts tels que celui qui domine Copet au nord-ouest; et il y occupe, comme dans l'Ain, le fond et les flancs des vallées jurassiques; on l'observe avec tous les caractères que nous lui avons déjà assignés à Pontarlier, au Val-Travers dans les environs de Neufchâtel et dans ceux de Valorbe, ainsi que sur tout le versant sud-est de la chaîne qui court à Neufchâtel; il y présente son calcaire jaune et bleu, souvent pénétré de grains verts, ses marnes gris-bleues, son oolithe milliaire à St-Aubin, enfin son calcaire blond cristallin; en s'avançant davantage en Suisse, le néocomien n'est plus représenté vers Porentruy et Soleure que par des dépôts de minerai de fer pisiforme, identiques à ceux que M. Thirria a décrits dans la Haute-Saône. Il est probable qu'il s'agit ici d'un dépôt littoral formé sur les côtes de la grande île, dû au soulèvement de la Côte-d'Or.

Au nord-ouest, on retrouve le néocomien dans le département de l'Aube; M. Leymerie, à qui la science est redevable d'une excellente description de ce terrain, lui assigne des caractères qui ne laissent subsister aucun doute sur son identité avec la formation néocomienne du Jura. Il apparait dans la Haute-Marne, dans l'Yonne où il sert comme de ceinture aux autres termes de la série crétacée qu'il sépare toujours de la formation jurassique. On retrouve encore le néocomien avec les caractères qui lui sont propres jusqu'à Bar–le–Duc, dans le départemeut de la Meuse. Il se montre dans le bassin de la Loire où M. Lajoie l'a reconnu; mais en s'avançant davantage vers l'ouest, il disparaît sous les deuxième et troisième étages de la craie.

A l'est du Jura, on l'observe dans toute la grande vallée de la Suisse, là où il n'est pas recouvert par le tertiaire ou le diluvium ; nous l'avons étudié dans l'espace qui sépare le lac de Neufchâtel du lac Léman au lieu dit *Entre-Roches* ; il s'y présente avec son calcaire jaune blond abondant en *dicerates,* en *terebratula* et en *ostrea carinata.* C'est ce même calcaire qui forme les sommités du Salève (Savoie) où l'on a observé depuis longtemps les principaux fossiles du néocomien, et qui se poursuit jusqu'au–delà de Cruseille ; plus à l'est, il s'élève sur les contreforts occidentaux des Alpes, conservant tantôt ses caractères, tantôt ceux qu'il a empruntés au métamorphisme, notamment à Cluses que nous avons déjà cité. En descendant au midi, on rencontre le néocomien parfaitement caractérisé à Frangy, sur la rive gauche du Rhône, sur les bords du lac d'Annecy et d'Aix, dans la montagne des Bauges, à Bellecombe où il est recouvert en partie par le crétacé supérieur. Aux environs d'Aix surtout le néocomien est parfaitement développé; on peut observer ses marnes grises sur la colline de Saint-Innocent; enfin à Corsuet, il contient le *belemnites dilatatus* propre au crétacé inférieur et identique à celui du néocomien des Basses-Alpes. Un dépôt fort intéressant est celui de la cascade de Cour, situé sur la route de Chambéry à Lyon. Il y fait suite au massif néocomien du Mont–du–Chat, et offre les divers termes de la série néocomienne. Les marnes grises qui occupent la partie inférieure du dépôt en contiennent tous les fossiles caractéristiques ; l'*exogyra Couloni,* l'*ex. curvirostris,* le *spatangus retusus* y abondent ; on y remarque une *nérinée* particulière au néocomien.

La partie supérieure du dépôt est formée par une véritable oolithe blanche, dans laquelle nous avons reconnu la *terebratula depressa,* et par des calcaires blonds à *dicerates* qui se prolongent jusqu'aux Echelles pour rejoindre par le Mont-Granier, le Grandson, montagne haute de 2,030 mètres au-dessus du niveau de la mer et qui domine la grande Chartreuse ; le calcaire blond-clair du sommet du Mont-Granier est remarquable par la quantité considérable d'*hippurites* qu'il contient ainsi que par ses *dicerates.* M. l'abbé Chamousset y a recueilli une nérinée en vis dont la longueur, à en juger par les tours de spire du fragment, devait dépasser 0 ^{m},50.

Le néocomien qui constitue le versant occidental de la chaîne de la grande Chartreuse, nous conduit directement au calcaire de Sassenage et de Villard–de–Lans classé depuis longtemps par M. Elie de Beaumont dans cette formation. La vallée de l'Isère nous en présente une coupe complète entre Grenoble et Voreppe. M. Gras lui assigne sur ce point une puissance de 600 mètres. Ses mêmes assises se prolongent dans le département de la Drôme, en conservant tous leurs caractères dans les hautes montagnes situées au sud–est de Valence ; elles s'étendent ensuite dans les départements de Vaucluse, de l'Ardèche, du Gard, de l'Hérault et des Basses-Alpes. M. Gras leur assigne dans ce dernier tous les caractères du néocomien du Jura. La description que donne ce géologue de la montagne de Lure où il a observé les relations du néocomien avec le jurassique d'une part, et avec le grès vert de l'autre, établit parfaitement l'identité de la formation néocomienne qui se poursuit jusqu'à Entrevaux et à Moustier, pour delà se propager dans le département du Var, où nous citerons la localité du Beausset qui présente si abondamment des *hippurites* et des *spherulites*. Dans le département des Bouches-du-Rhône, le terrain néocomien change un peu de physionomie ; il est dépourvu des couches marneuses observées dans nos contrées. Ce sont, selon M. Coquand, des calcaires blanchâtres sub-saccharoïdes, des calcaires oolithiques et crayeux; mais les fossiles caractéristiques s'y trouvent; le calcaire à *chama ammonia* constitue l'étage supérieur dans la basse Provence et supporte immédiatement le grès vert ; c'est un rapport de plus qu'il offre avec le calcaire blanc de la perte du Rhône; le néocomien de Cassis abonde en *crioceratites* et en *hamites* d'une grosseur prodigieuse.

Ces observations générales suffisent pour donner une idée de la vaste étendue du terrain néocomien dont l'existence comme base de la formation crétacée, avait été longtemps méconnue. Si l'on y ajoute le calcaire à *dicerates* des Pyrénées décrit par M. Dufrénoy, le calcaire à *hippurites* du sud-ouest de la France, le terrain crétacé inférieur de la Crimée dont les caractères, selon MM. Huot et Dubois de Montpéreux, sont analogues à ceux du néocomien de la Provence, le crétacé inférieur observé en Grèce et jusqu'en Syrie, celui du nord de

l'Allemagne décrit par M. Roëmer, la formation Weal-
dienne d'Angleterre dont les caractères de superposition
ne laissent plus aucun doute sur sa synchronymie à la
formation néocomienne, bien qu'on ait voulu contester ce
fait, en se fondant uniquement sur les caractères paléontologiques qui en feraient une formation d'eau douce,
tandis qu'on ne doit y voir qu'un dépôt dans un estuaire
de la mer néocomienne, si, disons-nous, on réunit ces
divers dépôts au néocomien du Jura, on reconnaîtra que
la formation néocomienne placée entre le jurassique et
le grès vert est une des plus vastes qui aient été observées ;
qu'elle forme, partout où l'on rencontre le crétacé, la
base de ce terrain et qu'elle conserve des caractères généraux et uniformes qui, en fixant irrévocablement son
horizon géologique, ne permettent plus de la confondre
avec aucun des autres termes de la série des terrains de
sédiment.

NOTE ADDITIONNELLE AU MÉMOIRE DE M. ITIER.

—

Depuis l'impression de ce Mémoire, l'auteur a trouvé, dans l'escarpement du Rhône, près d'Arles, et conséquemment à peu de distance de la perte du Rhône, une couche de calcaire blanc pres qu'entièrement formé de *chama ammonia* et d'*hippurites*, fossiles dont la présence ne laisse plus subsister aucun doute sur la formation de la perte du Rhône qui appartient incontestablement au néocomien. A l'est du fort l'Ecluse il a également retrouvé le néocomien dont les couches inférieures, composées d'un calcaire très marneux et ferrugineux, s'appliquent sur l'étage supérieur jurassique relevé verticalement. C'est cette pierre qui a été employée dans la construction de deux tours qui tombent en ruine par suite de la décomposition occasionnée par la suroxidation du fer.

www.ingramcontent.com/pod-product-compliance
Lightning Source LLC
Chambersburg PA
CBHW070802210326
41520CB00016B/4797